CLAUDIUS BUSSANT

LA FERME

DES

EAUX DU MONT-DORE

CLAUDIUS BUSSANT

LA FERME DES EAUX DU MONT-DORE

Au lendemain de nos désastres, à une époque agitée par tant de craintes et de si légitimes espérances, il n'est aucun bon citoyen qui, dans la mesure de ses forces, ne doive contribuer à un progrès, à une réforme.

Cette pensée servira d'excuse à ce rapide travail.

Les eaux minérales du Puy-de-Dôme ne sont point, à coup sûr, la moindre richesse de ce département, si fécond à tous égards.

De vertus curatives distinctes et dans des conditions climatériques particulières, leurs sources forment un ensemble où se trouvent réunies toutes les propriétés essentielles des stations balnéaires les plus célèbres.

De telle sorte que les eaux minérales de l'Auvergne ne sont point appelées à se faire une fâcheuse concurrence, mais peuvent arriver, à l'aide d'une notoriété plus grande et d'une installation meilleure, à toute la réputation qu'elles méritent.

Lorsqu'il s'agit des intérêts d'une province et de la santé publique, on doit viser plus haut et plus loin que les rivalités étroites et les petits calculs, et, sans opposer le Mont-Dore aux Eaux-Bonnes, La Bourboule, Châtelguyon, Châteauneuf, Royat, Châteldon ou Saint-Nectaire aux thermes des Pyrénées ou de toute autre partie de la France, j'estime qu'il serait temps de n'être plus, à cet endroit, les tributaires même de l'Allemagne ; qu'il devient d'une urgence extrême de concentrer nos forces, et d'appeler chez nous cette foule que, trop souvent, notre exemple seul entraîne ailleurs.

La plus importante de nos stations thermales est le Mont-Dore (1).

Sans rivale contre les affections des organes respiratoires, ces antiques sources n'ont point changé de propriété au gré de la mode et des besoins des spéculateurs. Sidoine Apollinaire écrivait : « c'est le remède des phthisiques. » Et, après bien des siècles d'oubli, lorsque, sans aucun souvenir de la tradition, l'expérience et la science constataient, enfin, leur vertu réelle, c'est encore la phthisie et l'asthme que ces eaux soulagent ou guérissent.

Là, de vastes futaies résineuses aux émanations bienfaisantes et une altitude merveilleusement appropriée au jeu des poumons.

Si à la valeur thérapeutique des eaux on ajoute le charme de splendides paysages, l'intérêt qui s'attache aux vestiges du passé, grandes ruines, phénomènes géologiques tels qu'on n'en rencontre nulle part, et qu'on place ces éléments de succès au centre de la France, dans une des régions les plus riches, les plus laborieuses, on aura tout ce qu'on peut souhaiter pour la fortune d'une cité balnéaire de premier ordre.

Cependant, le Mont-Dore, il faut le reconnaître, n'est pas sorti d'une médiocrité relative dont rien ne révèle les causes à un examen superficiel.

Mais les dates et les chiffres ont, parfois, leur éloquence.

Dès 1810, les eaux furent l'objet d'adjudications publiques.

Le matériel consistait en quatre baignoires de bois et quatre appareils à douches. On payait le bain ou la douche cinquante centimes et la boisson, pour tout le temps de la cure, était taxée soixante-quinze centimes.

Dans ces conditions, en 1814, les enchères atteignaient 4,260 francs.

L'Établissement des bains, commencé en 1817, était terminé en 1826.

Le prix de la ferme allait toujours progressant.

En 1828, il montait au chiffre de 12,050 francs.

Les salles d'inhalation n'existaient pas. Les eaux n'étaient pas exportées et l'on buvait aux sources moyennant les soixante-quinze centimes de l'ancien tarif. Notons que les modifications opérées, sur ces points seuls, représentent, dans la période suivante, plus des trois quarts des produits obtenus.

De 1829 à 1856, les eaux sont mises en régie. Ce système qui, le plus souvent, fait disparaître toute personnalité et paralyse l'élan commercial, grâce à la direction toute-puissante d'un médecin illustre, permit de constater, avec le plus grand éclat, le mérite scientifique de nos sources et fut le principe d'une prospérité solide, basée toute entière sur la valeur du remède. Oui, cette époque de médiocres produits fonda pour toujours, il faut qu'on le sache, l'avenir du Mont-Dore.

Mais, si insignifiants qu'on les suppose, quels furent ces produits ?

Pour l'année 1852, un rapport du docteur Bertrand à l'académie de médecine nous donne, avec tous les détails, les résultats qui suivent :

Rendement brut 37,925 francs 45 centimes ;

Frais 10,550 francs ;

Bénéfice pour le département 27,374 francs 85 centimes ;

Cette somme était obtenue avec 851 baigneurs riches ou pauvres (2).

De 1851 à 1855, dans cinq ans, la régie produisait une recette de 191,392 francs 10 centimes et versait dans les coffres du département 139,250 francs 50 centimes.

La moyenne des recettes annuelles fut de 38,278 francs, celle des bénéfices de 27,850 francs.

Il faut se souvenir que, depuis cette époque, le nombre des baigneurs a sextuplé pour le moins.

En 1855, sans passer par l'épreuve des enchères, M. Brosson obtient la ferme pour douze années consécutives, à partir du 1er janvier 1856. La redevance annuelle est fixée à 18,000 francs. Les charges la portent à 26,000 francs environ (3).

Jusque là toute annonce, tout article de journal avaient été proscrits comme pur charlatanisme. Le terrain à coup sûr, se trouvait admirablement préparé. Vierge de cet amendement nouveau, il donna sous la réclame une moisson merveilleuse.

Les 851 baigneurs de la régie qui, avec un tarif moindre, produisaient 38,000 francs, s'accrurent dans une proportion rapide et fournirent, dès l'abord, quelques 57,000 francs.

De plus, l'exercice de la médecine cessait d'être l'exclusif apanage d'un seul. Des praticiens d'un rare mérite arrivèrent et attirèrent aussi une importante clientèle (4).

L'Etablissement est devenu trop petit. « Il n'est plus en état de satisfaire aux besoins croissants qui se produisent » écrivait M. le comte de Preissac, préfet du Puy-de-Dôme. Les bénéfices suivent la même loi ascendante. Le fermier réclame une prorogation de bail. Il l'obtient sans recourir à la vieille forme de l'adjudication ; et, un arrêté de 1860, déclare que « l'exploitation de l'Etablissement thermal est livrée » à M. Brosson pour quinze ans, à dater de janvier 1861 (5).

Le prix de ferme reste le même, 18,000 francs.

Le Concessionnaire s'engage à tenir à la disposition du département 100,000 francs, mais on supprime certaines obligations, on accorde certaines prérogatives et ce bail, comparé à celui de 1855, procure au fermier des avantages qui, au bas mot, atteignent 20,000 francs par an (6).

Cependant « dès 1860, obtenir 40,000 francs de fermage eût été chose facile. » (7)

Personne ne le conteste ; et si vous voulez vous rendre compte de la somme perdue pour le département, de 1860 à la fin de 1875, vous arrivez au chiffre de plus d'un demi-million, soit, pour être exact, 520,545 francs.

Ce gros capital tombé un peu vite dans la caisse d'un bon père de famille, qui pourrait le regretter ? Eh bien, moi, je l'avoue. J'estime qu'un fermier dont la terre produit, presque sans culture, de trop larges bénéfices cesse d'ajouter son travail au fonds même et qu'il devient, si bon admtnistrateur qu'il puisse être, un mauvais fermier ; et je pense que cette somme, inutile accroissement d'une fortune particulière, employée en améliorations, aurait à cette heure une tout autre valeur. Dans notre lutte avec l'Allemagne, de ce côté là encore, nous sommes pris au dépourvu... Doublez cet argent des efforts qu'il fallait pour le produire, Ems eût trouvé chez nous mieux qu'une rivale.

L'opportunité si pressante d'opposer, enfin, le Mont-Dore à la station prussienne, a frappé, je suppose, M. Brosson. Sans attendre 1875, terme de ses quinze années de jouissance, il demande, pour la seconde fois, une nouvelle prorogation de bail.

Il est fâcheux qu'on se souvienne de l'exorbitant traité de 1861.

Deux termes nous semblent absolument corrélatifs : l'augmentation du prix de ferme, le progrès du Mont-Dore.

Mais, dira-t-on, les choses ont des bornes nécessaires, êtes-vous bien sûr de n'avoir pas atteint tout le résultat possible ?

Nous répondrons, on a tiré d'un commerce tout ce qu'il pouvait rendre lorsque, après l'emploi des moyens suggérés par l'étude, les produits restent immobiles. Or, le simple exposé qui précède démontre que notre station, malgré un régime défectueux, n'a jamais cessé de s'accroître.

Certains spéculateurs déjà enrichis, les sages, aux chances les plus séduisantes, préfèrent ne courir aucun risque, s'épargner les fatigues, lorsque par la simple force acquise, chaque année ajoute, à l'excédant de recette ancien, un appoint nouveau considérable.

Cependant, il s'agit mieux que d'une affaire privée. Des malades réclament la guérison. Nos montagnards appellent le travail.

Il est doux de gagner beaucoup sans peine. Mais la peine ennoblit l'argent. Une grande entreprise est un grand devoir.

Les vertus curatives de nos sources ne sont plus discutables. Faites connaître les résultats acquis. On les ignore ailleurs qu'en France. Hors des frontières aucune publicité sérieuse n'a été entreprise.

Puisqu'il le faut, soyez poussés par l'obligation de payer une redevance en rapport avec la ferme : vos bénéfices grandiront d'autant. Agissez ! votre tâche est facile. Même dans le milieu restreint où vous enfermez votre action, les éléments de succès se multiplient chaque jour. L'emploi des eaux, nécessaire pour quelques-uns, pour les autres devient habitude. Les voyages entrainent tout le monde. Montrez un but intéressant. On accourra d'autant plus volontiers que les voies deviennent meilleures. Le chemin de fer qui doit atteindre jusqu'à nous est à la veille de se construire.

Soit ! on peut accroître le nombre des baigneurs et des touristes, mais, objectera-t-on, comment satisfaire à leurs besoins s'ils arrivent tous en même temps ; avez-vous songé que notre saison thermale est enfermée dans un espace de deux mois ?

Voilà, enfin, la difficulté capitale, et qui n'a pas cherché une solution à ce problème n'a point approfondi la question.

A cette altitude la température est très-variable. S'il pleut, il arrivera que l'air, pour quelques heures ou pour quelques jours, devienne presque froid. Cet inconvénient existe. On l'a exagéré beaucoup. Pour l'éviter, les étrangers se persuadent qu'il ne faut se rendre dans nos montagnes qu'en juillet ou en août.

Sans doute le Mont-Dore par le brouillard et la pluie, accident dont on semble n'avoir jamais prévu la persistance, perd tout ce qui le rend agréable.

La petite ville se compose d'une centaine de maisons groupées autour de l'Etablissement thermal. Cet édifice, dont la toiture même est faite de blocs de trachyte grisâtre, a un aspect très-sévère. Le monument sied au grandiose paysage et sa lourde masse défie et les tempêtes de l'hiver et les secousses d'un sol volcanique qui parfois tremble encore.

En face de l'Etablissement, une place étroite, à la suite une large rue, mènent au Parc, rendez-vous des promeneurs, où l'on voit une fontaine d'élégance commune et un amoncellement fort remarquable de débris gallo-romains.

Le Parc s'ouvre au fond d'un site merveilleux.

La seule partie de ce vaste terrain dont on ait tiré quelque avantage, ici l'agréable doit l'emporter sur l'utile, est planté de bosquets assez incultes. On encombra l'autre côte d'un séchoir avec sa longue suite de poteaux garnis de fils de fer.

Seule, la nature a tout fait et, tant que le ciel est bleu, on ne songe pas à se plaindre. Qu'une joyeuse lumière éclate sur les longues pentes du Sancy, et ces mesquineries disparaissent et le Parc, dont nul ne s'occupa, devient, malgré tout, la place la plus pittoresque, la plus jolie du monde.

Mais il faut être venu au Mont-Dore malade ou conduisant avec soi quelque malade chéri, s'être enfermé dans un salon d'hôtel ou dans cette salle de l'Etablissement thermal, pour connaître tout ce qu'il y a de lugubre à voir les nuages s'amonceler sur la vallée devenue, tout-à-coup, si triste, si profonde.

Puis survient le soir avec sa brume glaciale. La jeune poitrinaire tremble et l'on tremble surtout pour elle. L'asthmatique, ce vieillard qui peut n'avoir que vingt ans, s'alarme et se demande, lui aussi, s'il ne ferait pas mieux de partir.

— Ha ! s'il y avait un chemin de fer, me disait certain maître-d'hôtel, demain on ne trouverait plus personne au Mont-Dore.

Le plus souvent, on aurait grand tort, la pluie est fréquente, mais, presque toujours, passagère. Le lendemain, le surlendemain peut-être, le soleil étincelle, la vallée est radieuse, et, au risque d'essuyer un orage, malgré les recommandations prudentes, toute la colonie s'éparpille, bien loin des voutes sombres et des tentures fanées, par tous les sentiers de la montagne.

« Il ne faut pas qu'une promenade dégénère en fatigue » écrivait le savant docteur Bertrand. Mais quand le pays est admirable, alors que les voitures et les chevaux sont là tout prêts et vous attendent, retenez dans un logis vide de distractions des gens qui ne sont pas chez eux ! Rester chez soi est souvent un effort, rester à l'hôtel est impossible.

On espère rencontrer, au plus fort de l'été, une longue suite de beaux jours. Les hôtels sont encombrés. Le moindre cabinet devient une chambre.

A l'Etablissement c'est pire. Depuis l'heure la plus matinale, les bains et les douches se succèdent. Ailleurs il est possible de faire lever les malades dès l'aube, mais songez au genre d'affection qu'on traite ici. N'importe, il le faut. Le matériel, le local sont insuffisants. Il y a foule, il faut à tout risque satisfaire la foule.

Etes-vous assez heureux pour ne point être réduit à interrompre votre sommeil, pour obtenir que la chaise à porteur vienne vous prendre à sept ou huit heures? Hélas! n'espérez pas rencontrer au bain cette propreté exacte qui est dans vos habitudes. Le cabinet ruisselle d'une vapeur mal odorante, la planche grossière sur laquelle vous devez poser vos pieds nus est souvent maculée de boue, enfin, la baignoire se trouve déjà pleine et vous demandez avec inquiétude, à l'homme chargé de ce travail, s'il a eu soin de renouveler cette eau graisseuse qui vous semble suspecte. (8)

Puis il faut aller à la salle d'inhalation.

Dès la pointe du jour, les malades toussant et crachant s'y succèdent sans interruption. Les dalles gardent des traces qui soulèvent le cœur. L'eau est assez abondante pour être incommode, pas assez pour emporter toutes ces choses. Là, un vice d'installation s'ajoute aux inconvénients de la cohue qui ne permet pas même, à certains intervalles, de renouveler l'air de cette étuve.

Parlerai-je des bains-de-pieds? Un mot suffira. Deux personnes sont réduites à les prendre côte à côte dans la même eau. Le compagnon que le hasard vous donne est presque toujours un inconnu. — « Ce n'est pas pour ma santé, disait un naturel à son voisin surpris de cette intimité naïve, mais j'ai besoin de me laver! » — Et le besoin sautait aux yeux.

On doit le reconnaître, dans l'état actuel, même avec des agrandissements dont la nécessité ne se discute pas, il est impossible de traiter, d'une manière convenable, les malades qui affluent de toute part et envahissent le Mont-Dore dès les premiers jours de juillet à la fin d'août.

On proposera, peut-être, d'informer le public de ces inconvénients et de faire connaître que, d'après tous les écrivains spéciaux, l'époque la plus favorable pour notre médication, n'est pas la plus chaude ; qu'alors se produisent des orages et des variations extrêmes ; que du quinze juin au huit juillet, et du vingt juillet au vingt septembre, la température est ordinairement excellente. (9)

Mais, quel profit obtiendrez-vous ? En supprimant juillet, la saison est réduite à cinquante-trois jours. On se presse dans une période plus étroite et tous les inconvénients s'aggravent.

Cependant, répétons-le, il ne peut y avoir de traitement sérieux, il ne peut y avoir de base à une spéculation considérable et offrant des avantages certains pour le pays si, par une combinaison quelconque, on n'arrive pas à prolonger la saison thermale, à régulariser les arrivées et, ainsi, dans une large mesure, à accroître leur nombre.

Il ne faut pas l'oublier, il est nécessaire d'entrer en lutte avec des villes sur lesquelles le Mont-Dore peut avoir, aux endroits essentiels, une supériorité réelle, mais qui l'emportent par l'organisation plus intelligente, la température plus égale, par ce large bien-être et toutes ces distractions sédentaires qui allègent les souffrances et éloignent l'ennui.

Nos sources sont préférables, on l'assure, aux eaux d'Outre-Rhin, mais qu'opposer aux casinos, aux kursaals, à la savante musique, au confortable dont se targue la Prusse, aux jeux dont elle ne se vante point, mais dont elle connaît les amorces et sait tirer de si patriotiques profits.

Une concurrence à tout cela épuiserait nos ressources

et amènerait la plus sotte vulgarité. Il faut que chaque ville garde son caractère. L'imitation est presque toujours maladroite et trahit une infériorité humiliante.

Le Mont-Dore ne deviendrait pas, sans déchoir, le rendez-vous de trop faciles plaisirs. Le but sera l'excellence des eaux, leur administration aussi parfaite que possible, et le spectacle sans rival doit rester le pays lui-même, sa majestueuse et calme beauté, son passé encore vivant : nature robuste d'où la sève déborde et qui n'est point faite pour les bals et les tréteaux, chers à un monde étranger à nos mœurs.

Si l'on tient compte de ce milieu, dont l'attrait n'existe que pour des gens d'une certaine culture ; de l'éloignement de tout centre industriel ; des lenteurs du voyage que les chaises de poste seules rendent sans fatigue ; du prix assez élevé des hôtels de premier ordre ; si l'on veut songer même au genre de maladie traitée dans nos thermes, on reconnaîtra que le Mont-Dore est destiné à une clientèle en quelque sorte aristocratique.

Pour donner à notre station le relief dont elle est digne ; pour parer aux caprices du climat, ne point condamner les malades à un traitement expédié à la hâte et aux fatigues de l'ennui, je demanderais la création d'un édifice tout à fait spécial, approprié aux besoins et aux convenances du lieu ; je voudrais de vastes jardins couverts dont un casino serait l'accessoire.

Sous les treillis de cette cage de verdure, où l'art pourrait à volonté faire l'ombre et la chaleur, on enfermerait, sans peine, un été de quatre mois.

Qu'importeraient au dehors les écarts de la température? Selon l'usage, les malades se rendraient aux bains, en chaise à porteur, et de leur hôtel viendraient au casino, en chaise à porteur, sans respirer seulement un souffle d'air refroidi.

Le jardin embrasserait un assez grand espace. Il faut qu'on ne soit pas soumis à la gêne de coudoyer ceux qu'on ne veut pas recontrer. Aux concerts succéderaient les spectacles, en temps opportun, en choisissant ce qui doit convenir. On trouverait des jeux même pour les enfants. Mais tout serait prévu pour la commodité des tranquilles loisirs que recherchent les malades. On aurait garde d'ailleurs de sacrifier le bien-être aux exigences de la perspective, aux effets pittoresques : le paysage du dehors offrirait, au besoin, des compensations surabondantes. Aux arbres étrangers, aux plantes rares, on devrait aussi préférer, il me semble, les essences vigoureuses de cette vallée du Mont-Dore où, comme le remarque le docteur Bertrand, ne se rencontra jamais un phthisique : ce seraient les parfums qui raniment et guérissent, sans les fatigues et les périlleux hasards des excursions trop longues. Et là, au moins, au rebours de tant de casinos et de théâtres, on vivrait dans une atmosphère de santé et de bonne compagnie.

Voilà, à peu près, l'idée que saurait compléter et réaliser un architecte habile.

Resterait à trouver un emplacement convenable.

L'Etablissement thermal, achevé en 1826, fut construit pour mille malades. Il en reçoit aujourd'hui, on l'affirme, plus de cinq mille. J'ai la conviction que, dans dix ans, avec des chances ordinaires, ce nombre doublera.

On crut alors pouvoir ménager, au premier étage de l'édifice, une très-grande pièce servant à la fois de salon de lecture, de théâtre et de salle de fête, ainsi que les logements du médecin-inspecteur et du concessionnaire.

Notre avis serait de rendre tout cet espace à sa destination normale, de créer là des cabinets, des salles d'inhalation qui, installés avec plus de luxe, deviendraient des bains de première classe.

On garderait, au second étage, les appartements du médecin-inspecteur ou tout au moins on réserverait un salon pour les médecins. La présence des hommes de l'art, sur les lieux où s'opère la cure, nous semble de haute convenance.

Le reste du bâtiment pourrait suffire aux accessoires, magasins et débarras indispensables.

Quant au concessionnaire, son habitation et une partie de ses bureaux devraient être transportés dans le vaste chalet qui sert aujourd'hui de séchoir. Entouré de pelouse, mise en communication avec le Parc, cette demeure, destinée à une large hospitalité, ajouterait ses terrains à l'étendue de la promenade et ne nuirait pas à l'harmonie de l'ensemble.

Un séchoir serait agencé, moins en évidence, sur les bords de la Dordogne.

Dans le Parc, un peu au-delà du point où se trouve maintenant la fontaine, en regard de l'Etablissement, je placerais le casino et ses jardins couverts.

Autour du Parc, ainsi tracé, s'ouvrirait un boulevard dont les allées régulières encadreraient tout ce parallélogramme. Les squares, entretenus avec soin, ne laisseraient place à aucun de ces détails qui blessent surtout les yeux accoutumés aux gazons symétriques, aux décors officiels de nos grandes villes.

Oui, avec des innovations, qui n'atteindraient pas un

gros chiffre et que nous indiquons, sauf meilleur avis, le Mont-Dore serait à même de lutter contre ces bains d'Allemagne dont nous avons fait la richesse et la vogue énormes. Qu'on soit attiré chez nous, qu'on y vienne une fois, et tout sera dit : la beauté des montagnes et les guérisons feront le reste.

Terminons par cet extrait du compte-rendu sommaire des décisions prises par la Commission départementale dans sa session de février :

« M. Bussant, de Cusset, se présente et formule un en-
» gagement en ces termes :
» 1° Il prend la ferme comme adjudicataire pour 25 ou
» 18 années ;
» 2° Le prix du bail sera de 45,000 francs, et, dans l'année
» de l'installation, une somme de 200,000 francs sera dépen-
» sée par lui pour constructions, améliorations, embellisse-
» ments, d'après les devis de l'architecte du Mont-Dore.
» 100.000 francs seraient affectés à la création de bai-
» gnoires et le surplus à l'installation d'un casino avec
» jardin couvert : à l'expiration du bail, ces constructions
» deviendraient propriété du département.
» M. Bussant serait, de plus, chargé de toutes les répa-
» rations locatives, de l'entretien du mobilier des anciens
» et des nouveaux bâtiments, ainsi que des conduites
» d'eau, appareils et machines.
» Au cas où le conseil général ne croirait pas devoir
» accepter cette offre, M. Bussant s'engage à payer une
» somme de 60,000 francs comme prix de ferme, et le
» département devrait alors se charger de faire les cons-

» tructions sus-indiquées dans les deux années de l'entrée
» en jouissance.

» En présence de ces propositions nouvelles, la commis-
» sion a pensé qu'il était utile de continuer à donner une
» grande publicité à cette importante question ; elle prie
» donc, en conséquence, M. le Préfet, de faire insérer
» aux Petites Affiches la note suivante :

» M. le Préfet du Puy-de-Dôme, sur la proposition de la
» commission départementale, informe le public que la
» ferme du Mont-Dore expire le 31 décembre 1875 ; les
» personnes qui désireraient devenir adjudicataires trouve-
» ront les renseignements à la préfecture ; les propositions
» seront examinées par le conseil général du département à
» sa session du 2 avril prochain. »

Je souhaite que cette notice ajoute encore à la publicité si nécessaire même aux meilleures choses.

Je n'apporte point dans ma demande les ardeurs de l'homme qui poursuit la fortune ; je n'ai point la vanité de croire que je puis être plus utile que tout autre doué d'une certaine générosité, de bon sens et de bon vouloir, mais je désirerais, de tout mon cœur, attacher mon nom à une entreprise qui, bien conduite, ne sera ni sans effort, ni sans mérite, et devra constituer pour le pays un grand et légitime progrès.

Cusset, imp. de Mme Jourdain.

NOTES

NOTES

(1) Les livres écrits sur la station thermale qui nous occupe forment une petite bibliothèque et, cependant, on est réduit à se demander quel est le nom officiel de cette localité.

On a d'abord dit *Mont-d'Or*, puis on s'est aperçu qu'il ne pouvait être question du *Mons Aureus*, mais du *Mons Durianus* et l'on écrit volontiers, aujourd'hui, *Mont-Dore*.

Fort bien ! Cependant consultez certaines cartes et vous trouvez les *Bains-du-Mont-Dore*, cherchez ailleurs et vous lisez *Mont-Dore-les-Bains*.

Pour quiconque a seulement une lettre à adresser, un renseignement à fournir, pour ceux-là surtout que leur industrie obligent à une publicité nécessaire, il importe de savoir le nom vrai, reconnu par les postes et la géographie.

Avec la forme erronée *Mont-d'Or* les confusions étaient possibles et, malgré tout ce qu'il y a de fâcheux à allonger un nom, une désignation supplémentaire devenait indispensable : Mont-d'Or-les-Bains, les Bains-du-Mont-d'Or.

Avec l'orthographe *Mont-Dore* nulle erreur n'est à craindre.

Préoccupé du point pratique, nous signalons à qui de droit ce détail très-sérieux et nous exprimons le désir que notre première station thermale s'appelle de ce nom seul et unique *Le Mont-Dore*.

(2) Le rapport donne les chiffre qui suivent :

Eaux exportées	14,169f	65
Douches à 1 fr. (aujourd'hui avec le linge 1 f. 30)	2,388	»
Bains à 1 fr. (aujourd'hui avec le linge 1 f. 30)	5,912	»
Eaux en boisson à 3 fr	2,553	»
Douche de vapeur à 1 fr	1,499	»
Aspiration à 75 c	7,483	50
Bains après le service à 1 fr. (aujourd'hui avec le linge 1 fr. 50)	423	»
Bains ou douches aux piscines, à 40 c	1,220	»
Bains de pieds à domicile, à 25 c	367	»
Bains de pieds, à 15 c	1,400	40

Nous pouvons produire les chiffres afférents aux cinq dernières années de la régie :

1851,	Recette 34,681f 65c,	Frais 11,512f »c,	Bénéfice 23,169f 65c
1852,	— 37,925 45,	— 10,550 60,	— 27,374 85
1853,	— 40,384 »,	— 9,485 »,	— 30,899 »
1854,	— 39.193 »,	— 12,046 »,	— 27,147 »
1855,	— 39,208 »,	— 8,648 »,	— 30,660 »

Le personnel se composait de :

M. le docteur Bertrand, chevalier de la Légion-d'Honneur, membre de l'académie de médecine, Inspecteur des eaux ;

M. le docteur Bertrand fils, Inspecteur-Adjoint ;

M. Chabory, médecin attaché à l'Etablissement ;

M. Taché, chevalier de la Légion-d'Honneur, Régisseur des eaux ;

M. Vigerie, Conservateur ;

M. Manzant, Contrôleur.

(3) Le fermier était en outre obligé de supporter :

1° Le traitement du Médecin-Inspecteur.......	1,000 f.
2° Du Conservateur.........................	1,000
3° De l'Aide Conservateur	300
4° Du Régisseur et du Contrôleur............	1,500
5° L'entretien des bâtiments, du mobilier, des ustensiles, estimé environ 4,000 fr........	4,000
6° Les contributions, impôts de toute nature...	mémoire
7° Les frais d'assurances, patentes...........	mémoire
8° Le prix de la ferme étant d'autre part de....	18,000
Avec les accessoires le bail arrivait au moins au chiffre de..............	25,800 f.

Enfin, le fermier devait tenir à la disposition de l'administration 50,000 f. destinés à solder les travaux nécessaires à l'ouverture de deux nouvelles galeries de bains. Mais l'article 14 de l'arrêté de 1860 prouve que la somme se trouvait encore, à cette époque, entre les mains de M. Brosson.

Comme on le verra, en outre de certains avantages, les charges portées aux numéros 2, 3, 4, 5 et 6 disparaissent complètement dans le traité de 1860.

(4) Les médecins qui exercèrent au Mont-Dore furent, pour la plupart, des praticiens fort distingués. Nous avons nommé avec reconnaissance M. le docteur Bertrand. Son fils, se montre son digne émule. Presque tous écrivirent

des monographies sur les eaux, des études sur les maladies traitées dans nos thermes, et sont de savants spécialistes. Avec quelques indications plus complètes voici, dans leur ordre, les noms pris sur les *Guides* de cette année :

M. le docteur Bertrand, chevalier de la Légion-d'Honneur, inspecteur honoraire, directeur de l'école de médecine de Clermont, membre du conseil général;

M. le docteur Vernière, chevalier de la Légion-d'Honneur, inspecteur des eaux, membre du Conseil général, médecin à Issoire ;

M. le docteur Boudant, chevalier de la Légion-d'Honneur, médecin de l'Hôtel-Dieu, professeur à l'école de médecine de Clermont ;

M. le docteur Mascarel, médecin à Chatellerault ;

M. le docteur Brochin, médecin à Paris ;

MM. les docteurs Etienne et Léon Chabory, médecins au Mont-Dore ;

M. le docteur Richelot, chevalier de la Légion-d'Honneur, médecin à Paris ;

M. le docteur Lassallas, médecin à Rochefort-Montagne ;

M. le docteur Vacher, rédacteur de la *Gazette Médicale*, médecin à Paris.

D'après le *Guide Joanne*, le nombre des malades s'est élevé à 5,000 pendant la saison de 1871, et la saison a été très-médiocre.

(5) Dans cet arrêté, devenu fameux, deux idées se contredisent avec une fréquence qui semble de la raillerie.

D'une part, la prospérité des eaux est immense et les produits croissent dans la même proportion.

De l'autre, il importe d'augmenter les avantages et de diminuer les charges du fermier.

Voici d'ailleurs quelques uns des considérants :

« Vu l'invitation à nous faite par le conseil général à » l'effet de pourvoir aux moyens de continuer les réparations et de mettre l'établissement du Mont-Dore en état » de satisfaire *aux besoins croissants qui se produisent* » *annuellement*.

» Vu les propositions du concessionnaire consistant à faire » une nouvelle avance de fonds sur le prix de son bail.

» Considérant que l'avance de fonds dont il s'agit *ne peut* » *être obtenue qu'au moyen d'une prolongation de bail.* »

ARRÊTONS :

» Art. premier. Les dispositions qui suivent sont substi-

» tuées à celles contenues dans le bail passé le 25 août » 1855, concernant la mise en *ferme* de l'établissement du » Mont-Dore.

» Art. 2. L'exploitation de l'établissement thermal est *livrée* à titre de *concession* à M. Brosson.

» Art. 3. Cette concession est faite pour quinze années qui » commenceront à prendre cours, le premier janvier 1861, » moyennant une redevance annuelle de 18,000 francs.

» Art. 4. Le concessionnaire sera tenu de payer en outre » du prix ferme :

» 1° A l'inspecteur.................... 1,000 fr.

» 2° A l'architecte.................... 500

» 3° Les frais d'assurance. mémoire

» Art. 11. Les impôts de toute nature qui sont ou seront » assis sur l'établissement et sur ses dépendances *resteront* » *à la charge du département*.

» Art. 14. Le concessionnaire s'engage *à tenir à la dis-* » *position du département* la somme de 100,000 francs qui, » additionnée à celle de 50,000 francs, *restée dûe sur les* » *avances stipulées dans son premier bail*, formera un total » de 150,000 francs. »

Ce nouveau traité fut approuvé le 29 août 1860.

Les quinze années n'expirent que le 1er janvier 1876. Mais le concessionnaire, il n'est plus un simple fermier, se hâte, dès aujourd'hui, comme en 1860, de solliciter une prorogation *nouvelle*.

(6) Le fermier n'a plus à pourvoir à l'entretien des bâtiments, il se débarrasse de cette lourde charge ainsi que des contributions et impôts de toute nature qui lui incombaient autrefois

Il cesse d'être tenu des traitements du conservateur, de l'aide conservateur, du régisseur et du contrôleur.

Le linge devient obligatoire et, de 1 franc, le prix des bains et des douches arrive à 1 franc 30 centimes, 1 franc 50 centimes.

Nous omettons le reste, des détails considérables, et cependant quelques centimes, par la force de l addition, deviennent bientôt une somme.

(7) « Il est évident que ce se second bail a eu pour » résultat de léser gravement les intérêts du département, » car, dès 1860, obtenir 40,000 francs du fermage de notre » grande station thermale eût été chose facile. »

Cette observation, si judicieuse, se trouve dans un excellent article du *Messager du Puy-de-Dôme,* dont nous avons contrôlé les nombreux et utiles renseignements.

(8) « Les eaux du Mont-Dore sont très-transparentes,
» néanmoins elles ont l'aspect un peu gras. Exposées à
» l'air, leur surface ne tarde pas à se couvrir d'une
» pellicule très-fine, nacrée et irisée, qui adhère aux corps
» avec lesquels on les met en contact.

» *Recherches sur les eaux du Mont-d'Or, par le docteur* BERTRAND. »

Un liquide de cette nature nécessite des soins extrêmes.

Nous ne voudrions pas laisser de doute sur nos intentions.

Il ne s'agit point de blâmer les procédés du concessionnaire. Ce serait de notre part une inconvenance au moins inutile. Mais nous voulons établir que, dans l'état actuel, même avec des salles agrandies et des appareils en plus grand nombre, même en cessant d'enfermer le service médical, comme le veut le règlement-tarif de 1861, entre trois heures et dix heures du matin, si les malades ne peuvent arriver qu'en juillet, si la saison thermale ne se régularise pas, le traitement, malgré tout, restera défectueux.

(9) Nous croyons utile de nous appuyer, pour cette question délicate, sur l'autorité incontestable du docteur Bertrand.

« Les chaleurs de l'été, dit-il, beaucoup moins fortes que dans la plaine, presque toujours tempérées par l'agitation de l'air et la fraîcheur des nuits, commencent en juin, et se soutiennent jusqu'à la mi-septembre.

» C'est l'époque consacré à la saison des eaux. Ordinairement le temps est beau depuis le 15 juin jusqu'au 6 ou 8 juillet. Des orages le dérangent. La pluie s'établit jusqu'au 20 ou au 24 du même mois ; les beaux jours la remplacent, et durent pendant un mois.

» En général, l'automne est belle, sur tout lorsque le vent du sud domine et ne rencontre pas une atmosphère trop humide ou trop refroidie. Ces beaux jours ne dépassent guère la mi-octobre.

» Plus tard, les vents de l'ouest et du nord s'établissent ; la pluie et la neige se succèdent : la neige ne tarde pas à prévaloir, et ramène les longs hivers de nos montagnes. »

Recherches sur les eaux du Mont-D'Or, par le docteur BERTRAND.

(10) Etablissement renferme les appareils balnéaires qui suivent :

BAIGNOIRES.

Pavillon	7
Grande salle	18
Galerie du nord	20
Galerie du midi	10
En tout	55

DOUCHES DESCENDANTES.

Pavillon	5
Grande salle	18
En tout	23

DOUCHES ASCENDANTES.

Grande salle	6
Galerie nord	2
En tout	8

DOUCHES DE VAPEUR.

Bâtiment supplémentaire	8

Là se trouvent aussi les deux salles d'inhalation.

Au rez-de-chaussée du Bâtiment d'Administration on réserve aux indigents :

3 Baignoires.

2 Piscines.

2 Salles d'inhalation.

Notre projet augmenterait les cabinets de bains dans une large proportion. L'Etablissement serait en entier réservé à l'emploi des eaux. On ne verrait plus, tous les soirs, se rencontrer à la même porte et la foule parée et joyeuse qui se rend au spectacle, et les malheureux à demi-vêtus se traînant à la piscine autrefois gratuite.

(11) La loyauté nous oblige à faire connaître les offres de Messieurs Gautier et Bujadoux, de Clermont-Ferrand ; ils proposent :

1° Un bail de 12 ans, ou plus ;

2° Un prix de ferme annuel de 46,500 fr. ;

3° Avances de fonds si le Conseil général le jugeait utile ;

4° Engagement de ne pas acheter de terrains et ne pas bâtir d'hôtels, répondant en cela à des inquiétudes et des craintes qui auraient été manifestées par les habitants du Mont-Dore.

A l'endroit de M. Brosson, nous ne pouvons fournir aucun renseignement précis.

www.ingramcontent.com/pod-product-compliance
Ingram Content Group UK Ltd.
Pitfield, Milton Keynes, MK11 3LW, UK
UKHW032033260826
14628UKWH00006B/2922

9 782019 642471